BEI GRIN MACHT SICH IHR WISSEN BEZAHLT

- Wir veröffentlichen Ihre Hausarbeit,
  Bachelor- und Masterarbeit

- Ihr eigenes eBook und Buch -
  weltweit in allen wichtigen Shops

- Verdienen Sie an jedem Verkauf

Jetzt bei www.GRIN.com hochladen
und kostenlos publizieren

Bibliografische Information der Deutschen Nationalbibliothek:

Die Deutsche Bibliothek verzeichnet diese Publikation in der Deutschen National-
bibliografie; detaillierte bibliografische Daten sind im Internet über http://dnb.d-
nb.de/ abrufbar.

Impressum:

Copyright © 2016 GRIN Verlag
Druck und Bindung: Books on Demand GmbH, Norderstedt Germany
ISBN: 9783668659940

Dieses Buch bei GRIN:

https://www.grin.com/document/413234

Alina Chladek

Von Fast Food zu Slow Food. Eine kritische Analyse von Auswirkungen und Nachhaltigkeit in der deutschen Gastronomie

GRIN Verlag

Inhaltsverzeichnis

Abbildungsverzeichnis

1 Einleitung

Das Zitat „Du bist, was du isst" basiert auf der bekannten Aussage: „Der Mensch ist, was er isst" des deutschen Philosophen Ludwig Feuerbach (1804–1872) das ein Pedant ist zu der asiatischen Weisheit: Die Ernährung ist die Grundlage der Gesundheit.

Heutzutage gehen mehr Menschen zur Arbeit als vor einem halben Jahrhundert, als der Vater die Familie ernährte und die Mutter sich um die Familie kümmerte. In der heutigen Gesellschaft arbeiten meist beide Elternteile und so muss die verfügbare Zeit gut genutzt und der Tag gemanagt werden. Doch der gesellschaftliche Trend der Schnelllebigkeit ändert sich langsam. Die Menschen versuchen, mehr Zeit für sich und ihre Umgebung zu finden und machen sich mehr Gedanken über ihre Gesundheit. Aufgrund dessen wird über Ernährungsgewohnheiten nachgedacht und bewusst mehr Geld für nachhaltig hergestellte Lebensmittel ausgegeben, denn die Bedeutung von „Du bist was Du isst" gewinnt an Wichtigkeit, vor allem für die künftigen Generationen. Ernährung ist ein Gebiet, auf dem viele Theorien bestehen. Es ist ein Gebiet, mit der die Industrie viel Geld macht. Heutzutage ist die Ernährung ein persönliches Statement geworden. Bescheid zu wissen über verschiedene Ernährungsmöglichkeiten ist modern. Die daraus entstehenden steigenden Anspruchsgrundlagen stellt viele Gastronomen vor immer größere Herausforderungen. Ernährung muss zunehmend spannend, abwechslungsreich und gleichzeitig erschwinglich sein.

Im Folgenden wird genauer auf den durch die Gesellschaft gelenkten Wandel von Fast Food zu Slow Food eingegangen und wie Gastronomen darauf reagieren. Dies wird anhand einer kritischen Analyse von Auswirkungen und Nachhaltigkeit in der deutschen Gastronomie erläutert.

2 Was ist Fast Food?

„Fast Food bedeutet wörtlich übersetzt „schnelles Essen oder „schnell essen".[1] Damit gemeint ist Essen, welches in gastronomischen Betrieben schnell und einfach zu verzehren ist. Es ist eine Form der Nahrungszubereitung, die auf Essenssitten bewusst verzichtet. Fast Food wird meist an Verkaufsständen,

---

[1] O.A., 2016, Internetquelle.

-theken, -buden oder -mobilen verkauft und teilweise im Stehen verzehrt. Die Speisen können außerdem in Papp-, Plastik-, Styropor- oder Aluminiumverpackung mit an den Arbeitsplatz oder nach Hause genommen werden. Mit Fast Food wird eine große Bandbreite von Speisen bezeichnet, die meist als Zwischenmahlzeit oder auch als Hauptmahlzeit konsumiert werden. Eine schnelle Zubereitung wird sichergestellt durch fertige Kühl- oder Tiefkühlprodukte, welche oft einen geringen ernährungsphysiologischen Wert haben. Außerdem werden kaum Vollwertprodukte oder Erzeugnisse aus biologisch-dynamischem Anbau als Zutaten verwendet. Kriterien zur Einordnung von Fast Food sind die schnelle Verfügbarkeit, die Standardisierung der Speisen und die Eignung zum schnellen Verzehr. Da nur die Nahrungsaufnahme im Vordergrund steht verweilen Kunden kürzer als in herkömmlicher Gastronomie.[2]

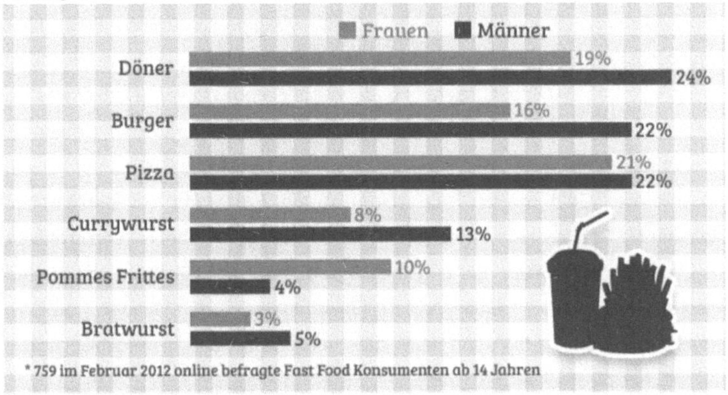

Abb. 1: Das beliebteste Fast Food der Deutschen. Quelle: https://d28wbuch0jlv7v.cloudfront.net/images/infografik/normal/infografik_860_Das_beliebteste_Fast_Food_der_Deutschen_n.jpg.

Fast Food wird oft mit ungesunder Ernährung und minderwertigen Speisen in Verbindung gebracht. Weiterhin steht das schnelle Essen im Gegensatz zu ausgegebenen Empfehlungen, beispielsweise den zehn Regeln der DGE (Deutsche Gesellschaft für Ernährung e.V.), sich beim Essen Zeit zu nehmen. Das Lohnniveau in Fast Food Restaurants ist sehr gering, da für die Zubereitung der Speisen keine hohe Qualifikation vorausgesetzt wird.

---

[2] Vgl. o.A., 2016, Internetquelle.

4

Zusammenfassend lässt sich sagen: „Fast Food ist all das Essen, das man schnell mal eben kaufen kann z.B. Pommes, Bratwurst, Hamburger usw. aus der Pommesbude, Pizza auf die Hand vom Stand an der Ecke, Döner-Kebap, Lahmacup, Gyros-Pit, usw.. Natürlich gehört auch alles aus den bekannten Fast Food Ketten dazu: Essen von McDonalds, Burger King, Pizza Hut oder Saco-Bell."[3]

2.1 Geschichte des Fast Food

Die Bezeichnung Fast Food hat ihren Ursprung in den 50-er Jahren in den USA. Im Zuge der eintretenden Amerikanisierung in der zweiten Hälfte des 20. Jahrhunderts verbreitete sich der Begriff auch in Europa. Heute finden wir die Bezeichnung weltweit.
„Eine Geschichte des Fast Food kann folgerichtig auch nicht wie jede andere Kulturgeschichte einfach den Faden bei ihren frühesten Erscheinungsweisen in der menschlichen Zivilisation aufnehmen, sondern muss es vielmehr dort tun, wo der Mensch, sei´s aus Notwendigkeit oder Gewohnheit, damit begann, den Akt des Essens zeitlich zu strukturieren"[4]
Fast Food ist nicht die typische Ernährungsform moderner Gesellschaften, sondern hat eine althergebrachte Tradition und geht weit in die Geschichte zurück. Schon in der Antike während der olympischen Spiele in Griechenland wurden warme Speisen wie Pasteten oder Fleischspieße verkauft.[5] Im Mittelalter gab es beispielsweise den historischen Verkaufsstand, der 1134 als Brotzeithütte die Erbauer des Regensburger Doms versorgte. Auf Jahrmärkten, Festen und Kirmessen erfolgt ebenfalls eine historische Entwicklung des Schnellimbisses. Auch im Krieg oder auf Reisen war Fast Food erforderlich. „Fliegende Händler" verkauften beispielsweise Gerstenkuchen, Bratfisch, Breie oder Brote an Reisende.
Auch die asiatische Küche kennt seit dem 17. Jahrhundert kleine Schnellimbisse, die im Straßenverkauf angeboten werden, z.B. Sushi.
Im mittelalterlichen Orient sind öffentliche Garküchen in Mesopotamien aus Erzählungen bekannt.[6]

---

[3] O.A., 2016, Internetquelle.
[4] Hirschfelder, G., 2005, S. 27.
[5] Vgl. o.A., 2010, Internetquelle.
[6] Vgl. Hirschfelder, G., 2005, S. 62f.

Die Ausdehnung dieser Form des Verzehrs erfolgte aber erst später durch die Industrialisierung, die Trennung von Arbeits- und Wohnstätte und Standardisierung von Lebensmitteln.[7]

Die im 18. Jahrhundert aufkommende öffentliche Essvariante des Picknicks mit zwangloseren Tischsitten und Speisen, welche einfach und ohne Besteck verspeist wurden (z.B. Sandwiches, Würstchen, Muffins), stehen in Verbindung mit dem modernen Fast Food.[8] Einige Fast Food Speisen haben hier ihren Ursprung.

Ende des 19. Jahrhunderts verbreiteten sich die Fish-and-Chip-Shops in England.

Bis heute sind öffentliche Plätze wie Passagen, Bahnhöfe und Märkte bevorzugte Orte für Fast Food Verkaufsstände.

In den 60er Jahren hat die Hähnchengrillerei Wienerwald Gerichte im Straßenverkauf angeboten und wurde zur ersten großen Fast Food Kette in Deutschland. 1971 öffnete die erste deutsche McDonald's Filiale in München.

Heute gibt es ein flächendeckendes Netz von Fast Food Ketten, die bei ihren Produkten eine Gleichförmigkeit in Aussehen, Geschmack und Qualität erzielt haben.[9]

2.2 Erfolgskonzept des Fast Food

Die Entwicklung des Fast Food setzt sich auch in Restaurants durch, die sich selbst nicht als Fast Food Restaurants bezeichnen. In vielen Lokalen können Gäste mittlerweile per Anruf die Bestellung aufgeben, dann auf die Lieferung warten oder das Gericht selbst am Restaurant abholen.

Damit ist eine gewisse Freiheit für den Gast verbunden, den Zeitpunkt der Nahrungsaufnahme selbst zu bestimmen, und sie dem restlichen Tagesplan anzupassen. Unvorhersehbare Vorkommnisse, die Zeit kosten, können so eingedämmt werden.

Die Hauptzielgruppe für Marketingbestrebungen der Fast Food Ketten stellen Kinder und Jugendliche dar. Junge Konsumenten und Konsumentinnen sind die Gruppe, die von Weltunternehmen (wie zum Beispiel McDonalds) genauestens

---

[7] Vgl. Hirschfelder, G., 2005, S. 51.
[8] Vgl. Hirschfelder, G., 2005, S. 94.
[9] Vgl. Hirschfelder, G., S. 157f.

beobachtet und analysiert werden, um sie als potentielle Kunden in den Fokus zu nehmen.[10]

Medien und Werbung setzen in der Öffentlichkeit bekannte Gesichter aus Sport, Gesellschaft oder Fernsehen ein, die über die Produkte „ihr" Lebensgefühl veräußern.[11]

Im Folgenden wird genauer darauf eingegangen, wie Unternehmen heutzutage, zur Absatzsicherung ihrer Produkte, auf neue Marketingmaßnahmen setzen. Des Weiteren wird die gewohnheitsbildende Erfahrung beim Essen erläutert.

2.2.1 Systemgastronomie am Beispiel McDonalds

„Die Systemgastronomie ist eine eigene Branche zwischen Produktion und Dienstleistung. Es handelt sich um eine besondere Form der Darreichung von Speisen und Getränken, die sich von der herkömmlichen Gastronomie unterscheidet. Wesentliches Merkmal ist ein klar definiertes Konzept, das auf zentrale Steuerung, Standardisierung und Multiplikation ausgerichtet ist."[12] Eine McDonalds Filiale ist von Grund auf durchstrukturiert. Angefangen beim Gebäude bis hin zum Interieur und den zu verkaufenden Waren, hat jede Filiale ein fast identisches Erscheinungsbild. Die Lokalität ist gleichzeitig auf Funktionalität ausgerichtet, wobei das Ambiente einen hohen Wiedererkennungswert hat, aber nicht darauf abzielt, dass sich die Kundschaft länger als nötig dort aufhält. McDonalds Filialen symbolisieren weder Identität noch Geschichte, noch stehen sie mit einem bestimmten geographischen Ort in Verbindung. McDonalds ist weltweit vertreten und ein Franchise Unternehmen.[13]

„Der Begriff Franchise (als Bezeichnung einer Unternehmungsform) und Franchising (als Bezeichnung der unternehmerischen Tätigkeit mit Hilfe des Systems) bezeichnet ein spezifisches Betriebssystem: Franchising ist ein auf Partnerschaft basierendes Vertriebssystem mit dem Ziel der Verkaufsförderung. Dabei räumt das Unternehmen, das als so genannter Franchise-Geber auftritt, meist mehreren Partnern (Franchise-Nehmer) das Recht ein, mit seinen Produkten oder Dienstleistungen unter seinem Namen ein Geschäft zu betreiben."[14]

---

[10] Vgl. Heindl, I., S. 52.
[11] Vgl. M. Kersting, 2009, S. 43.
[12] O.A., 2016, Internetquelle.
[13] Vgl. Heindl, I., 2016, S. 80.
[14] O.A., 2015, Internetquelle.

Bei McDonalds soll Markentreue möglichst früh aufgebaut werden. „Ein Kind, dem unsere Fernsehreklame gefällt und das seine Großeltern zu McDonalds schleppt, bringt uns zwei neue Kunden."[15] Außerdem wird nicht nur auf die konventionelle Werbung gesetzt. McDonalds setzt zusätzliche Marketingmittel ein, wie das trendige Ambiente, Entertainment, Non-Food Artikel, Maskottchen, Spielplätze, Gewinnspiele usw.[16] Außerdem gibt McDonalds beispielsweise auch Lehrmaterialien in Zusammenarbeit mit dem Care-Line Verlag heraus. Diese Materialien geben teilweise oberflächliche oder lückenhafte Informationen, da sie interessengeleitet sind. Dabei wird die Marke McDonalds zu einer hochindividualisierten Aussage, die eine soziale Gruppe auf der Grundlage von gemeinsamen Einstellungen und Verhaltensmustern verbindet, aber nicht auf der Basis von Alter oder Klassenzugehörigkeit.[17]

McDonalds setzt des Weiteren auf den modernen Fast Food Konsum und schafft ein neues Konzept innerhalb der Philosophie: „Gesundheit als Megatrend: Weg von Fritten, Cola und überdimensionierten Burgern hin zu gesunden Salaten und Wasser".[18] Salate stillen seit mehreren Jahren den Wunsch nach gesundheitsförderlicher und ausgewogener Ernährung bei den Konsumenten und Konsumentinnen. McDonalds unterhält in ausgewählten McCafés eine Salatbar. Salate werden Im Preissegment von ca. sieben Euro angeboten, wobei die Kunden und Kundinnen zwischen fünf klassischen Rezepten wählen oder sich eine eigene Mischung zusammenstellen können. Damit sind Salate zu einem wichtigen Umsatzträger des Unternehmens geworden. Mit den Salatbars versucht sich die amerikanische Kette die Teilhabe am Wachstumsmarkt für gesunde Ernährung zu sichern. Passend dazu leuchtet das sonst gelbe Logo in vielen Ländern bereits vor grünem Hintergrund.

2.2.2 Mere-Exposure-Effekt

„Mere-Exposure-Effekt ist der Effekt der Darbietungshäufigkeit. Die frühere Konfrontation mit einem Reiz ist bereits eine hinreichende Bedingung dafür, dass dieser Reiz bei einer späteren Begegnung positiver bewertet wird."[19]

---

[15] Pudel, V., 2003, S. 55.
[16] Vgl. Pudel, V., 2003, S. 71f.
[17] Heindl, I., 2003, S. 24.
[18] Rützler, H., 2010, S. 526.
[19] O.A., 2010, Internetquelle.

Beim Verkauf von Fast Food wird dieser Effekt genutzt, um für Produkte eine höhere Akzeptanz zu erzielen. „Menschen wählen keine Speise, weil sie sie mögen, sondern sie mögen eine Speise, weil sie sie essen."[20] Dies meint die gewohnheitsbildende Erfahrung beim Essen. Diese bewirkt, dass Menschen wiederkehrend angebotene Nahrungsmittel allmählich mögen und nach einer Zeit anderen, ihnen unbekannten, Lebensmitteln vorziehen. Dieser Reaktion liegt ein Sicherheitsprinzip zugrunde: Nahrungsmittel, die bereits ohne nachteilige oder sogar schädliche Konsequenzen verzehrt wurden, gelten als sicher und verlässlich und können erneut konsumiert werden.[21] Besonders große Fast Food Ketten bieten aufgrund dessen die gleichen Produkte an verschiedenen Verkaufspunkten an. Konsumenten scheuen oft Unbekanntes und greifen daher lieber zu den vertrauten Marken und Produkten, die ein Gefühl von Sicherheit vermitteln.[22]

2.3 Der Einfluss des Fast Food auf die Gastronomie

Die entscheidende Größe bei der Entwicklung und Gestaltung des Leistungsangebots sind Bedürfnisse, Wünsche, Erwartungen und Nutzervorstellungen der Gäste bezüglich einer bestimmten Dienstleistung. Man versucht den Kunden an eine bestimmte Marke zu binden, d.h. Markenbindung.[23] Maßstab für Markenbindung sind Wiederholungskäufe derselben Marke. Bezogen auf die Gastronomie können sowohl eine erneute Inanspruchnahme eines gastronomischen Angebots als auch die Weiterempfehlung als Indikatoren für Markenbindung angesehen werden. Bei der Systemgastronomie ist sowohl von einer Betriebsstätten- als auch von einer Unternehmenstreue auszugehen.
Die wichtigste Voraussetzung für den Aufbau einer Markenbindung ist die Erzeugung von Markenbekanntheit. Besonders die Situation der Entscheidungsfindung zur Inanspruchnahme einer gastronomischen Leistung und ihrer Einflussgrößen sind von Bedeutung für die Markenbindung.
Die Entwicklung der allgemeinen Dienstleistungsnachfrage wird wesentlich geprägt durch Veränderungen in Wirtschaft, Umwelt, Technologie, Politik und Gesellschaft. [24] Die Gastronomie muss daher mit einer Vielzahl von

---

[20] Pudel ,V., 2003, S. 75.
[21] Vgl. Pudel, V., 2003, S. 42.
[22] Vgl. Pudel, V., 2003, S. 151.
[23] Vgl. Diehl, S., (2009), S. 77.
[24] Vgl. Zeller, M., 2009, S. 13.

Substitutionsprodukten konkurrieren. [25] Die Kaufwahrscheinlichkeit einer gastronomischen Leistung ist nicht mehr länger nur von deren eigentlichen Grundnutzen (Ernährung) abhängig, sondern wird zusätzlich durch die Komponenten Begegnung, Unterhaltung und Einkauf bestimmt.[26] Häufig wird von Gästen ein mehrdimensionales Erlebnis erwartet, welches über Essen und Trinken hinausgeht.

Sozialdemographische Entwicklungen und veränderte Werthaltungen wirken sich auf das Freizeit- und Verzehrverhalten aus, welche sich zunehmend differenziert, sogar widersprüchlich darstellen.[27] Das veränderte Zeitbudget übt Zeitdruck bei der Kaufentscheidung aus. Die daraus resultierende Verkürzung der Kontaktzeit des Gastes mit dem Gastronomiebetrieb erschwert den Imageaufbau und damit die Markenbindung. Der Trend zur Erlebnisorientierung verbessert die Möglichkeiten der Gastronomie zur Bildung einer Marke, zu der auch eine Bindung aufgebaut wird. Gleichzeitig birgt sie das Risiko einer ständig steigenden Erwartungshaltung der Gäste, in Bezug auf die Präsentation immer spektakulärer werdender Vermarktungsideen.[28]

2.4 Veränderungen aufgrund von Fast Food

Durch die Weiterentwicklung von Fast Food gab es Veränderungen. Diese betreffen insbesondere die Arbeitsprozesse der Fast Food Ketten, welche immer mehr standardisiert wurden. Es gibt genauere Vorschriften, wie lange das Essen zubereitet wird und wie es aussehen muss. Aber nicht nur in diesem Bereich gibt es Veränderungen. Sie betreffen auch den Wandel im Ernährungsbewusstsein und im sozialen Leben.

2.4.1 Veränderungen im Ernährungsbewusstsein

Fast Food hat mittlerweile einen bedeutenden Stellenwert in unserem Alltag erlangt. Auch wenn es nur ein Prozent der Gesamternährung ausmacht, muss man davon ausgehen, dass der Prozentsatz bei den Jugendlichen deutlich höher ist als bei Erwachsenen.[29]

---

[25] Vgl. A. J. H. Hein, 2012, S. 121f.
[26] Vgl. Klotter, C., 2007, S. 23.
[27] Vgl. A. J. H. Hein, 2012, S. 134.
[28] Vgl. Zeller, M., 2009, S. 13.
[29] Vgl. o.A., 2013, Internetquelle.

Die negativen Aspekte des Fast Foods werden von Menschen durchaus gesehen und wahrgenommen, allerdings macht es den Anschein, dass die negativen Seiten entweder ignoriert werden oder man sich bewusst für die ungesunde Ernährung entscheidet, was folgende Umfrage deutlich macht: 50 Menschen wurden zum Thema Fast Food befragt. 35 davon waren sich darüber im Klaren, dass Fast Food zum Großteil ungesund und kalorienreich ist. Die häufigste Assoziation zu Fast Food war fettiges Essen. Demnach verbinden mehr Menschen Fast Food mit dem Stichwort fettig als mit schnell, obwohl dieses Wort namensgebend ist. Mehr als die Hälfte der Befragten gaben an, Fast Food schon lange und häufig zu konsumieren. Dieses Ergebnis zeigt, dass es bei Fast Food um andere Dinge als gesunde Ernährung geht. [30] Eine möglichst schnelle Sättigung steht im Vordergrund. Allerdings muss Fast Food nicht immer ungesund sein. Ein Großteil der heutigen Verbraucher ziehen eine bewusste und gesunde Ernährung vor, woraufhin einige Schnellrestaurants mit der Erweiterung ihres Angebotes reagiert haben. Diese Auswahl ist im Vergleich zu dem sonstigen Sortiment sehr viel kleiner. Es gibt Unternehmen, die diese Marktlücke genutzt haben und sich ganz auf die gesunden Produkte spezialisiert haben. Auch der neue Trend, klein geschnittenes Obst oder frische Säfte an Bahnhöfen oder in Innenstädten zu verkaufen, verbessert das Angebot an schnellem und gesundem Essen.

Auch der vegetarische Markt wurde erschlossen, beispielsweise bietet McDonalds seit 2015 ein größeres Sortiment an fleischlosen Burgern an.[31]

Durch diesen neuen Trend sehen einige in Fast Food eine „ernährungsphysiologisch sinnvolle Zwischenmahlzeit, eine Verpflegungsart mit hohem hygienischen Standard oder ein jugendkonformer Stil zu essen mit sozial-therapeutischem Anstrich."[32] Dennoch hält sich die negative Meinung über Fast Food. Manche sehen in ihm eine Ursache für Mangelerscheinungen und Zivilisationskrankheiten.

---

[30] Vgl. o.A., 2013, Internetquelle.
[31] Vgl. o.A., 2014, Internetquelle.
[32] Klotter, C., 2014, S. 67.

2.4.2 Veränderungen im sozialen Leben

„Die bereits erwähnten Merkmale des Fast Foods sind kontrastiv zur bürgerlichen Mahlzeit: schnell gegen die bürgerliche Muße, öffentlich gegen die intime Atmosphäre daheim, elementares Essen gegen Etikette."[33]

Der soziale Aspekt des gemeinsamen Essen im Kreise der Familie wird durch das Essen auswärts abgelöst. Dieser soziale Aspekt liegt vor allem in der Kommunikationsfunktion der Mahlzeit begründet, die dem Essen überhaupt diesen symbolischen Handlungscharakter mit Zeremonialwert verleiht.[34]

Die Entritualiserung des Essens wird von dem begrenzten Angebot an Speisen noch weiter vorangetrieben. Der Konsument kann nur aus einem beschränkten Angebot auswählen.[35] Durch das begrenzte Angebot wird es dem Konsumenten einfacher gemacht, eine Entscheidung zu fällen, was er essen möchte. Das dadurch vereinfachte Bestellen ermöglicht ein schnelles Abfertigen. Der Kunde gibt sich im Gegensatz zu einem herkömmlichen Restaurant damit zufrieden, dass sich das Personal kaum um ihn kümmert. Die Kommunikation zwischen Verkäufer und Kunde leidet unter dem minimal ausgelegten Bestellvorgang.

Die Funktion von Fast Food beruht unter anderem darauf, das Gegenteil der traditionellen Essgewohnheiten zu bilden. „Wo dieses Beiseitelassen aller elaborierten Essgewohnheiten nicht nur unbewusst vonstatten geht, sondern bei der Konsumentscheidung zugunsten des Fast Food Restaurants bewusst eingesetzt wird, fungiert es als Ort der Verweigerung."[36] Diese Verweigerung bezieht sich sowohl auf die Kommunikation zwischen Verkäufer und Konsumenten und zwischen den Konsumenten selbst als auch auf das bürgerliche Ritual des Essens. Der Aspekt der Verweigerung der erlernten Essgewohnheiten erklärt auch die besondere Faszination, die Fast Food auf Kinder und Jugendliche ausübt.[37]

Die neue Esskultur wird auch in die Entwicklungsländer exportiert und damit ein Teil der noch vorhandenen Esstraditionen zerstört.[38] Diese kulturelle Verarmung kann aber auch in unserem Kulturkreis ausgemacht werden. Wie bereits

---

[33] Pudel, V., 2014, S. 81.
[34] vgl. Klotter, C., 2014, S. 53.
[35] Block, W. D., 2011, S. 46.
[36] Block, W. D., 2011, S. 53.
[37] Vgl. Block, W. D., 2011, S.54.
[38] Vgl. Block, W.D., 2011, S. 94.

erwähnt, wird die Form der bürgerlichen Mahlzeit mit ihren individuellen Merkmalen durch das Fast Food bedroht.

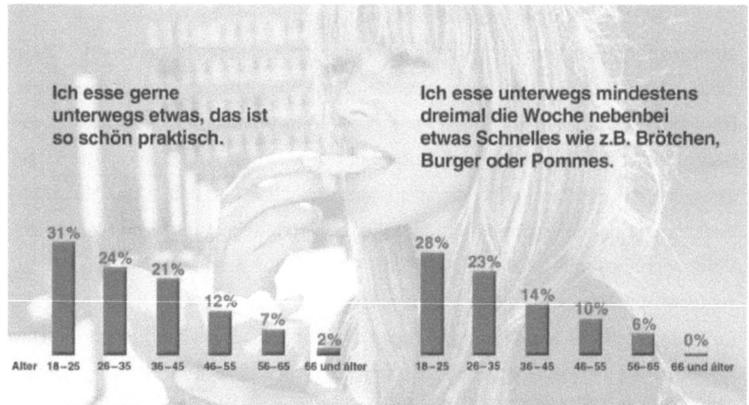

Abb. 2: Essverhalten der Deutschen. Quelle: http://www.tag-der-gesunden-ernaehrung.de/iss-was-deutschland/index.html.

Diese progressive Entwicklung hängt mit der Veränderung des Arbeitsalltags und den neuen Familienstrukturen zusammen. Die Wege zum Arbeitsplatz sind länger geworden und Frauen sind öfter berufstätig als früher, so dass sie nicht für die Zubereitung aller Mahlzeiten sorgen können.

Eine weitere soziale Veränderung ist die Gründung von McJobs, damit werden Niedriglohnarbeitsplätze gemeint, welche in großen Fast Food Ketten oft durch jugendliche Mitarbeiter, Teilzeitkräfte und ausländischen, billigen Arbeitskräften erbracht werden. Die Zubereitung von Fast Food und von Fertigprodukten erfordert keine hohe Qualifikation und ist nach genauen Vorschriften und Arbeitsabfolgen leicht zu erlernen und erfordert keine Vorkenntnisse. Außerdem sind die Speisekarten üblicherweise sehr übersichtlich und oft werden Gerichte durch nur kleine Produktzusammensetzungen erweitert.

3 Gegenbewegung Slow Food

„Slow Food ist eine weltweite Vereinigung von bewussten Genießern und mündigen Konsumenten, die es sich zur Aufgabe gemacht haben, die Kultur des Essens und Trinkens zu pflegen und lebendig zu halten."[39] Slow Food wurde

---

[39] O.A., 2016, Internetquelle.

1986 von dem Journalisten und Soziologen Carlo Petrini als Verein zur Erhaltung der Esskultur in der norditalienischen Kleinstadt Bra gegründet. Slow Food steht für die Förderung einer verantwortlichen Landwirtschaft und Fischerei, einer artgerechten Viehzucht und für das traditionelle Lebensmittelhandwerk. Diese Ziele verwirklicht der Verein durch das Zusammenbringen der Produzenten, Händler und Verbraucher. Dabei kann der Verein Wissen über die Qualität von Nahrungsmitteln vermitteln und austauschen. Aufgrund dessen wird ein transparenter Ernährungsmarkt geschaffen. „Bei Slow Food steht das Recht auf Genuss und gutes Essen jedem Menschen zu – deswegen hat jeder Mensch die Verantwortung, das kulinarische Erbe, die Kultur und die Traditionen zu schützen, die diesen Genuss möglich machen."[40]

Außerdem möchte Slow Food die regionale Geschmacksvielfalt bewahren. Das internationale Projekt „Arche des Geschmacks" der Slow Food Stiftung schützt weltweit über 3.000 regional wertvolle Lebensmittel, Nutztierarten und Kulturpflanzen vor dem Vergessen und Verschwinden. Diese können unter den gegenwärtigen ökonomischen Bedingungen am Markt nicht bestehen. Darunter sind zum Beispiel das Augsburger Huhn oder das Murnauer Werdenfelser Rind.

1989 gab es das erste Zusammentreffen der Slow Food Delegationen aus aller Welt in Paris, um das Slow Food Manifest zu unterzeichnen, in dem die Ziele der Organisation festgehalten sind. Ein Teil des Manifests lautet: „gegen diejenigen -

> und sie sind noch die schweigende Mehrheit, die Effizienz mit Hektik
> verwechselt - setzen wir den Bazillus des sinnlichen Genusses, welche
> sich in einer geruhsamen und anhaltenden Lebensfreude manifestieren.
> Wir beginnen sogleich mit dem «Slow Food-Programm»: Zu Tisch! Gegen
> die Verflachung des «Fast Food» setzen wir den Reichtum der
> Geschmäcker aller regionalen Küchen. Wenn das «Fast Life» im Namen
> der Produktivität unser Leben kastriert, Menschen und Umwelt bedroht,
> so muss die «Slow Food-Bewegung» die entsprechende Antwort einer
> neuen Avantgarde sein".[41]

Im Jahr 2006 definierte der Gründer und internationale Vorsitzende von Slow Food, Carlo Petrini, als Maßstab die Grundbegriffe der neuen Gastronomie: „Buono, pulito e giusto - gut, sauber und fair".[42] Gut heißt, dass Nahrungsmittel qualitativ hochwertig sein und gut schmecken müssen. Sauber bedeutet, dass

---

[40] Dr. Hudson, U., 2012, Internetquelle.
[41] O.A., 2016, Internetquelle.
[42] Götzinger, M., 2016, Internetquelle.

Essen nachhaltig und umweltschonend produziert werden soll. Fair bezieht sich auf den sozialen Aspekt der Ernährung, dass Lebensmittel wert geschätzt und faire Preise verlangt werden können. Wenn eines dieser Elemente fehlt, ist es kein Slow Food. Slow Food heißt außerdem, bewusst zu essen sowie genauer hinschauen woher das Essen kommt, wie es zubereitet wird, Essen selbst zuzubereiten und mit Kochtraditionen bewusst umzugehen.[43] Essen und Trinken soll wieder mehr Wichtigkeit zugemessen werden. Man soll sich mehr Zeit für die Herstellung, die Zubereitung und den Genuss der Speisen nehmen.[44] Damit stellt sich die Bewegung gegen Fast Food und überhaupt gegen genussfreies, hektisches Essen. Der Genuss soll im Mittelpunkt stehen.

Slow Food e.V. besteht aus Mitgliedern, welche freiwillige und interessierte Bürger sein können, aber auch Restaurants, welche auf der Slow Food Website erwähnt werden. Mitglieder zahlen einen jährlichen Beitrag an den Slow Food Verein. Wenn ein Restaurant alle von Slow Food festgelegten Kriterien erfüllt, wird dieses von Slow Food Mitgliedern auserwählt und im Genussführer aufgenommen.[45] Der Genussführer ist ein Buch, welches jährlich neu erscheint und in dem alle Slow Food Restaurants verzeichnet werden. Sobald ein Restaurant im Genussführer veröffentlicht ist, darf es sich offiziell ein Slow Food Restaurant nennen. Des Weiteren gibt es die Regionale Landkarte des Genusses, dies ist ein Flyer einzelner Städte. Darin werden Empfehlungen für die entsprechende Region für gesunde und bewusste Ernährung aufgezeigt.

3.1 Der (langsame) Bewusstseinswandel der Gesellschaft

Die Zeit hat sich zu einer sehr knappen Ressource der heutigen Gesellschaft entwickelt, sie ist zu einem Luxusgut geworden. Aufgrund der Globalisierung und dem damit verbundenen technischen Fortschritt hat sich der Begriff Schnelllebigkeit etabliert. Die Menschen klagen sehr oft über Zeitmangel, obwohl in sehr vielen Lebensbereichen Zeit eingespart wird. Einen zentralen Faktor bildet dabei das kostbare Gut Zeit als Beschleunigung und ihr Komplementär die Entschleunigung, welche zur Slow Food Bewegung hinführen.
Der Modernisierungsprozess der aktuellen gesellschaftlichen Entwicklung nimmt hierbei eine zentrale Rolle ein. Man unterscheidet in drei Formen der

---

[43] Vgl. o.A., 2016, Internetquelle.
[44] Vgl. Petrini, C., 2003, S. 25.
[45] Vgl. o.A., 2016, Internetquelle.

Beschleunigung: Die technische Beschleunigung, die soziale Beschleunigung und in die Erhöhung des Lebenstempos.[46] Die technische Beschleunigung nimmt zu, da Fahrräder durch Autos ersetzt wurden und Briefe durch e-Mails, es werden immer mehr Güter und Dienstleistungen in kürzerer Zeit produziert.[47] Dadurch wird der soziale Erwartungshorizont verändert. Man erwartet eine höhere Reaktionsfrequenz von seinen Mitmenschen. Dazu zählt auch der soziale Wandel, zum Beispiel wechseln Menschen ihre Arbeitsstelle in einem höheren Tempo als früher. Ebenfalls werden Lebenspartner, Wohnorte oder Gewohnheiten schneller verändert. Menschen werden flexibler und finden zunehmend weniger Verankerung in stabilen sozialen Beziehungen.[48] In der dritten Form der Beschleunigung wird eine Erhöhung des Lebenstempos durch die Steigerung von einer Erlebnis- oder einer Handlungsperiode hervorgerufen. Diese dritte Komponente lässt sich demnach weder dem technischen noch dem sozialen Wandel zuordnen. Zu ihr zählen Fast Food, Speed Dating oder Power Naps.[49]

Alle drei Dimensionen stehen in einem wechselseitigen Verhältnis zueinander, d.h. sie unterliegen einem Prozess, der sich letztlich selbst antreibt. Die Globalisierung und mit ihr die Zunahme der Kommunikations-, Produktions-, Konsum- und Wissensnetzwerke führt zu einer immer stärker voranschreitenden Beschleunigung des Alltags. Allerdings reagieren immer mehr Menschen „auf die wachsende Komplexität des mit Computer und Handys aufgepumpten Lebens mit einer Rückkehr zur Langsamkeit: „Entschleunigung" ist angesagt."[50]

Die soziale Stellung wird von vielen Menschen häufig nur noch über Konsum definiert. Aus der Schnelllebigkeit unserer Zeit hat sich ein Kreislauf entwickelt, der aus arbeiten und ausgeben besteht. Dieser Kreislauf gilt als Kennzeichen eines „vorbildlichen, angemessenen und erfüllten Lebens"[51]. Fast Food Restaurants sind neben Einkaufszentren und Supermarktketten ein Symbol immer weiter anwachsenden Trends geworden. Durch die globalen Vernetzungen beeinträchtigen sie nicht nur kleine private Geschäfte, sondern auch die örtliche Landwirtschaft. Aufgrund dessen hat sich eine Slow Bewegung entwickelt und   in der Gesellschaft in den letzten Jahren zunehmend

---

[46] Vgl. Rosa, H., 2005, S. 89.
[47] Vgl. Rosa, H., 2005, S. 114, 124 ff.
[48] Vgl. Rosa, H., 2005, S. 219 ff.
[49] Vgl. Rosa, H., 2005, S. 136.
[50] Long, A., 2010, S. 201.
[51] Long, A., 2010, S. 15.

durchgesetzt. Ausgangspunkt stellt die Entschleunigungsinitiative Slow Food dar. Aus ihr heraus hat sich die Langsamkeit in verschiedene Richtungen entwickelt, welche im Folgenden dargestellt werden.

Bekannt ist vor allem das Konzept „Cittaslow", welches eine Vereinigung von Städten darstellt. Gegründet wurde das internationale Netzwerk 1999 von Slow Food Städten wie Bra, Greve, Oriento. Ziel ist es hierbei den Erhalt einer typischen Kulturlandschaft mit ihren Traditionen, eine charakteristische Stadtstruktur und eine nachhaltige Umweltpolitik zu fördern. Im Fokus dieser Bewegung steht außerdem die Stärkung regionaler Märkte und der Vertrieb regionaltypischer Produkte. Auf diese Weise soll der Mensch in den Mittelpunkt gerückt und der soziale Zusammenhalt der jeweiligen Städte und Gemeinden sowie die Wertschätzung der Bürger gefördert werden.[52] Auch die Initiative „Slow Travel" hat an Bekanntheit gewonnen. Der hierauf spezialisierte Tourismus bietet Angebote, bei denen Geschwindigkeit und Komplexität reduziert werden und die Möglichkeit für Rückbesinnung auf Körper und Geist geschaffen wird. Besonders viel Wert wird bei diesen Reisen auf die Nachhaltigkeit sowie die Authentizität der Reise gelegt. Darüber hinaus setzt sich die Slow Retail Bewegung für eine Entschleunigung des Einzelhandels ein. Hierbei steht die Stärkung kleiner Geschäfte und Läden im Vordergrund. Auch Design und Mode gibt es im langsamen Format. Vertreter dieser Bewegung verfolgen die Einführung nachhaltig produzierter Objekte und Moden.[53]

3.2 Bildungskonzepte durch Slow Food

Für Slow Food spielt vor allem Bildung eine zentrale Rolle. „Ernährung ist untrennbar mit Genuss, Kultur und Geselligkeit verbunden. Geschmacksbildung ist das beste Mittel gegen die Flut aus Fast Food und genormten Lebensmitteln; sie ist der beste Weg, die einheimische Küche, traditionelle Produkte, Gemüsesorten und Tierrassen zu schützen."[54] Aus diesem Grund wurden einige Bildungskonzepte aufgestellt und unter anderem ein Bildungsmanifest erarbeitet, in dem den Mitgliedern Anregungen zur Gestaltung von Lehrveranstaltungen angeboten werden. Darüber hinaus wurde die Universität der Gastronomischen Wissenschaften 2003 in Pollenzo errichtet. Diese ist eine private, aber gesetzlich

---

[52] Vgl. o.A., 2013, Internetquelle.
[53] Vgl. o.A., 2015, Internetquelle.
[54] O.A., 2016, Internetquelle.

anerkannte Hochschule, die vom internationalen Verein Slow Food in Zusammenarbeit mit den Regionen Piemont und Emilia Romagana gefördert wird. Ziel der Universität ist es sich der ganzen Lebensmittelkultur zu widmen und die Ess- und Weinkultur zu lehren.[55]

Des Weiteren legt Slow Food e.V. besonders viel Wert auf die Schulung von Kindern und Jugendlichen. „Unsere Zukunft liegt in den Händen unserer Kinder"[56] ist ein Leitsatz, der die Inhalte und Regeln des Slow Food Vereins bestimmt. Für junge Interessierte gibt es das „Slow Food Youth" Portal, auf dem Neuigkeiten, im Thema Ernährung, unter jungen Menschen ausgetauscht werden. Dort können junge Menschen aktiv an der Gestaltung einer Entwicklung der Ess- und Lebenskultur teilhaben.[57] Auch hier gibt es unterschiedliche Programme und Events an denen Kinder und Jugendliche teilnehmen können.

Des Weiteren engagiert sich der Verein für gesundes Essen in Schulen und Kindergärten.

4 Nachhaltigkeit

Der Gedanke der Nachhaltigkeit ist seit vielen Jahren ein Leitbild für wirtschaftliches, ökologisches und soziales Handeln. Eine einheitliche Definition gibt es nicht, aber die meist gebrauchte Erklärung für Nachhaltigkeit besagt, „Nachhaltige Entwicklung ist eine Entwicklung, die gewährt, dass künftige Generationen nicht schlechter gestellt sind, ihre Bedürfnisse zu befriedigen als gegenwärtig Lebende."[58] Dies meint eine Entwicklung, die sowohl auf die Gegenwart als auch auf die Zukunft ausgerichtet ist, wodurch ein zeitlicher Bezug gegeben ist.

---

[55] Vgl. o.A., 2016, Internetquelle.
[56] O.A., 2016, Internetquelle.
[57] Vgl. o.A., 2016, Internetquelle.
[58] Hauff, M., 2008, S. 46.

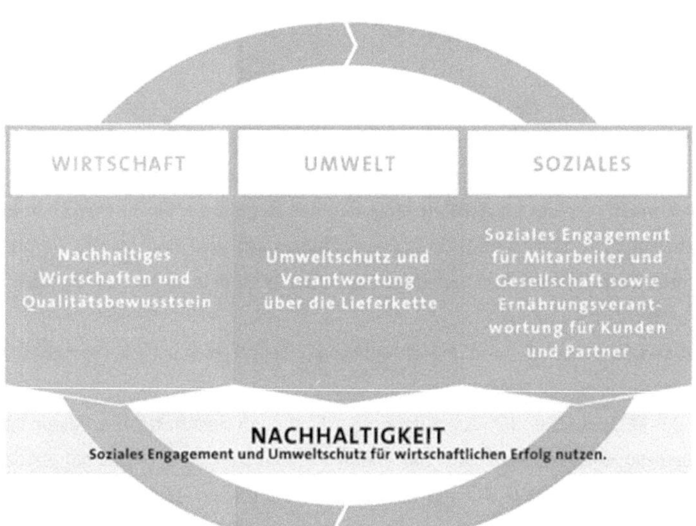

Abb. 3: Nachhaltigkeit. Quelle:

https://www.apetito.de/ueber-apetito/unternehmen/nachhaltig/nh-politik/PublishingImages/Nachhaltigkeit-Grafik.png.

Nachhaltigkeit meint außerdem, dass Ressourcen, materielle und immaterielle Güter, aber auch ökonomische und ökologische Einheiten geschützt werden sollen, insbesondere, wenn diese nicht erneuerbar sind. Der Fortbestand eines Bezugsobjektes soll kurz- und langfristig sichergestellt werden. „Nachhaltigkeit kann als eine Form des ökologischen und ökonomischen Handelns verstanden werden, die gegenwärtigen und zukünftigen Generationen vergleichbare oder bessere Lebensbedingungen sichern soll, indem das dazu notwenige Element sorgsame Anwendung findet und entsprechend geschützt wird."[59] Im Folgenden wird der Ursprung der Nachhaltigkeit aufgezeigt und die Auswirkungen der Nachhaltigkeit für Lebensmittel geschildert. Außerdem wird auf ein nachhaltiges Konzept bei Fast Food Restaurants eingegangen.

---

[59] O.A., 2015, Internetquelle.

4.1 Ursprung der Nachhaltigkeit

Schon in der Steinzeit haben Menschen nach dem Konzept der Nachhaltigkeit gelebt. Es soll nicht mehr von etwas verbraucht werden, als vorhanden ist, um die Grundlage für zukünftige Generationen aufrechtzuerhalten. Im 18. Jahrhundert liegt der tatsächliche Ursprung des Begriffs der Nachhaltigkeit in der sächsischen Forstwirtschaft. Da in dieser Region sehr viel Holz für den Bergbau genutzt wurde, stellte man fest, dass eine Lösung für eine sinnvolle Holznutzung gefunden werden muss.

Erst im Laufe des 19. Jahrhunderts wurde der Begriff nachhaltig in die englische und französische Sprache übersetzt.

„In der Mitte des 20. Jahrhunderts wurde der Begriff nachhaltig zum ersten Mal außerhalb der Forstwirtschaft, bei ersten Konferenzen zum Umweltschutz und der internationalen Entwicklung verwendet."[60] Zu Beginn des 20. Jahrhunderts umfasste die Nachhaltigkeit zusätzlich eine sozial-ethische Nachhaltigkeit. Es findet eine Entwicklung von der Aufrechterhaltung wirtschaftlicher Erträge über ein späteres Miteinbeziehen der Erhaltung der Wälder für zukünftige Generationen hin zu einem forstlichen Prinzip der Nachhaltigkeit statt. Dies bezieht auch die menschliche Gesellschaft und den Naturschutz mit ein.

4.2 Nachhaltigkeit bei Lebensmitteln

Heutzutage bieten Supermärkte fast alles und zu jeder Jahreszeit an. Dieses großflächige Angebot an Lebensmitteln hat das Kaufverhalten der Verbraucher verändert, da diese die andauernde Verfügbarkeit von Produkten als selbstverständlich ansehen. Diese Ernährungsweise hat nicht nur auf die Umwelt schlechte Einflüsse, auch der Mensch kann davon auf Dauer nicht profitieren. Dies führt zu einer intensiveren Auseinandersetzung von Verbrauchern mit dem Thema nachhaltige Ernährung. Nachhaltige Ernährung ist das übergeordnet Ziel, um die Erde dauerhaft gerecht zu bewirtschaften. Es wird das gesellschaftliche Leitbild einer nachhaltigen Entwicklung für den Ernährungsbereich umgesetzt. „Insofern bedeutet nachhaltige Ernährung, sich so zu ernähren, dass die gesamten gesundheitlichen, ökologischen, ökonomischen und sozialen

---

[60] O.A., 2015, Internetquelle.

Auswirkungen unseres Ernährungsstils möglichst positiv sind."[61] Daraus ergeben sich die vier Dimensionen Umwelt, Wirtschaft, Gesellschaft und Gesundheit als ein nachhaltiger Lebensstil bei Lebensmitteln.

Eine deutlich geringere Umweltbelastung wird zum Beispiel durch die ökologische Landwirtschaft verursacht. Es wird rund zwei Drittel weniger Primärenergien pro Hektar Nutzfläche verbraucht. Außerdem verfügt die ökologische Landwirtschaft im Vergleich zur konventionellen Landwirtschaft über bessere Bodenqualität, größere Artenvielfalt und verminderte Schadstoffbelastung des Oberflächen- und Grundwassers. „Damit trägt die ökologische Wirtschaftsweise zu einer stabileren ökonomischen Existenzgrundlage für die Landwirte bei."[62]

Um die regionale Wirtschaftskraft zu fördern, sollte auf den Einkauf von regionalen und saisonalen Erzeugnissen geachtet werden. Die heimischen Betriebe werden gestärkt und Arbeitsplätze gesichert. „Auch Vermarktungskooperationen zwischen Landwirten, Verarbeitern, Händlern und Verbrauchern tragen zur Existenzsicherung kleiner und mittlerer Betriebe bei und stärken die regionale Wirtschaftskraft."[63] Unnötige Lebensmitteltransporte können durch den Einkauf von regionalen und saisonalen Produkten vermieden werden.

Um wertvolle Inhaltsstoffe nicht zu vermindern, zu zerstören oder abzutrennen ist es bei der Lebensmittelverarbeitung wichtig, diese gering zu halten. Dabei ist die Wahrscheinlichkeit am größten, dass Fruchtbarkeit, Gesundheit und Wohlbefinden notwendiger Inhaltsstoffe noch in vollem Umfang im Produkt enthalten sind.

Um große Mengen an Verpackungsmüll zu vermeiden, sollten Lebensmittel ohne oder mit möglichst geringem Verpackungsaufwand angeboten und verkauft werden.

„Neben all den genannten Aspekten nachhaltiger Ernährung, soll der Genuss der Lebensmittel und Speisen natürlich auch nicht zu kurz kommen. Denn Genuss braucht Zeit- das gilt sowohl für das Ausreifen der Früchte, das Wachstum der Tiere und das Reifen von Käse oder Fleischerzeugnissen als auch für die Gesundheit der Menschen."[64]

---

[61] O.A., 2015, Internetquelle.
[62] O.A., 2015, Internetquelle.
[63] O.A., 2015, Internetquelle.
[64] O.A., 2015, Internetquelle.

4.3 Nachhaltigkeit in Fast Food Restaurants

Der Wunsch der Kunden nach gesunder Ernährung, Bioprodukten, Nachhaltigkeit und fleischlosen Alternativen hat auch das Segment Fast Food erreicht. Aufgrund dessen gibt es eine größere Nachfrage nach jüngeren, mittlerweile stark wachsenden, individuellen, kleineren Schnellrestaurants, welche mit nachhaltigen Produkten und vegetarischen oder auch veganen Gerichten werben. Es haben sich immer mehr originelle Konzepte entwickelt, die von saisonaler asiatischer Aufwärmküche über den Burger zum selbst Zusammenstellen bis hin zu großen bunten Food-Trucks reichen.

Auch Großkonzerne wie McDonalds müssen sich mit diesem neuen Gedankengang der Gesellschaft auseinandersetzten. Nicht nur der rote Hintergrund des Logos wurde zu grün geändert, auch das Konzept der Fast Food Kette wird überarbeitet und den Wünschen des Großteils der Gesellschaft angepasst. Fleisch wird beispielsweise von landeseigenen Metzgereien gekauft und über längere Transportwege wählt McDonalds die Bahn. „Rund 15 Prozent der Lastwagen fahren mit raffiniertem Biodiesel, der aus Altöl von McDonalds Fritteusen hergestellt wird." [65] McDonalds will auch zukünftig an seinem Umweltmanagement arbeiten und es verbessern.[66]

Auch andere Fast Food Restaurants werben mit Respekt gegenüber Gästen, Lieferanten, Mitarbeitern und aber auch gegenüber der Umwelt und der Gesellschaft, in der wir leben. Langfristig werden sich nur solche Unternehmen erfolgreich durchsetzen, die wirtschaftlichen Erfolg mit verantwortungsvollem Handeln verknüpfen. Des Weiteren wird auch in Fast Food Restaurants mit Zutaten aus ökologischer, ausgewogener und regionaler Herkunft und mit sehr hohen Qualitätsstandards geworben.[67] Außerdem wird die Verarbeitung des ganzen Tiers und nicht nur die Verwendung der Edelteile, wie ansonsten leider sehr oft üblich, betont.

Viele Fast Food Lokale kochen nicht mehr auf die herkömmliche, ungesunde und fettige Art und Weise, sondern haben neue Konzepte und Philosophien entwickelt: „Gutes Essen schenkt die kleinen Höhepunkte, die Zeremonie einer

---

[65] Roth, R., 2016, Internetquelle.
[66] Vgl. Roth, R., 2016, Internetquelle.
[67] Vgl. Roth, R., 2016, Internetquelle.

Mahlzeit kurbelt den Motor der Lebenslust an. Die Ernährung ist umfassend. Der ganze Mensch bleibt dabei gesund."[68]

5 Durchführung einer eigenen empirischen Erhebung

Ziel der vorliegenden empirischen Erhebung ist es, die Frage zu klären, ob das Ernährungsbewusstsein der heutigen Gesellschaft Auswirkungen auf Fast- und Slow Food Restaurants in Deutschland hat.

Die Auswahl der Befragten erfolgte nicht repräsentativ, es wurden also keine Zufallsstichproben gezogen, sondern es wurden anhand von Vorüberlegungen potentielle Interviewpartner ausgewählt. Darunter waren sowohl Slow Food- als auch Fast Food-Restaurants, aber auch die ehemalige Slow Food Vorstandsvorsitzende von Slow Food Augsburg e.V.. Die Befragten wurden gezielt gewählt, um einen Einblick in beide Bereiche zu gewähren und unterschiedliche Meinungen zum Thema zu hören. Die Interviewteilnehmer waren kooperativ und ein Termin meist schnell vereinbart.

Als Befragungsform wurde die mündliche Befragung gewählt. Diese wurde in Form von Intensivinterviews anhand eines grob strukturierten Leitfadens durchgeführt. Es handelt sich dabei um eine offene, teilstandardisierte Befragung. Intensivinterviews ermöglichen es, eine kleine Gruppe von zu Befragenden auszuwählen, um sie nochmal eingehender zu interviewen und so spezielle Probleme, Trends, Tendenzen, Einstellungen etc. zu ermitteln. Es gibt nur wenig vorformulierte Fragen und keine spezielle Reihenfolge in der Befragung. Während des Interviews liegt lediglich der Leitfaden zur Seite, um relevante Aspekte im Verlauf des Interviews nicht zu vergessen. Erfordert es die Gesprächssituation, kann darauf zurückgegriffen werden, ansonsten wird der Interviewpartner aufgefordert, möglichst frei zu erzählen. Ziel hierbei ist es, dass sich der Befragte möglichst offen zum Themengegenstand äußert und dadurch einen Einblick in seine persönlichen Meinungen und Erfahrungshintergründe gewährt. Nicht Thematisiertes könnte als nicht wichtig interpretiert werden, wurde aber, sofern es für die Hypothesen von Belang war, im Interview aufgenommen.

Im Folgenden werden zunächst die ausgewählten Befragten vorgestellt, anschließend wird die oben aufgestellte Hypothese anhand der durchgeführten Interviews beantwortet.

---

[68] O.A., 2016, Internetquelle.

5.1 Vorstellung der ausgewählten Befragten

Bei den Befragten der vorliegenden empirischen Erhebung handelt es sich um renommierte Slow Food-Restaurants aus München und Augsburg. Außerdem wurde auch die größte, deutsche Fast Food Kette McDonalds und kleinere, individuelle Schnellrestaurants befragt. Des Weiteren wurde die ehemalige Vorstandsvorsitze des Conviviums Slow Food aus Augsburg interviewt.

Der Pschorr ist ein Slow Food-Restaurant in München, welches sowohl traditionelle Bierkultur pflegt, als auch großen Wert auf regionale Produkte von bester Qualität legt. Ausgewählt wurde das Restaurant, da es vor allem mit besonderen Spezialitäten des Murnauer Werdenfelsener Rinds, eine vom Aussterben bedrohte Rasse, wirbt. In der Küche des Pschorr werden alte Kochtraditionen gepflegt und jedes essbare Teil eines geschlachteten Tiers verwertet.[69] Des Weiteren wird ausschließlich mit saisonalem Obst und Gemüse gearbeitet. Säfte und Weine kommen direkt aus Deutschland und kein Tier wird weiter als 60 Kilometer transportiert.[70] Der Pschorr hat rund 300 Plätze und im Sommer einen Biergarten mit derselben Kapazität.

Das Restaurant Kuckuck hat seinen Standort in Augsburg und 100 Innen- und 80 Außenplätze. Der Kuckuck ist ebenfalls ein Slow Food Restaurant und im Genussführer verzeichnet. Hier wird mit hochwertigen und absolut frischen Produkten geworben. Die Speisekarte des Restaurants wechselt monatlich, um saisonale Gerichte zu garantieren. „Regionale Produkte sind authentisch, weil sie - wie etwa bei Obst und Gemüse - in der Saison reif geerntet werden und somit kurze Transportwege vorweisen können."[71] Das Restaurantteam überzeugt sich beim Erzeuger selbst von Anbau-, Verarbeitungs- und Verkaufsmethoden. Dieses Restaurant wurde ausgewählt, da der Besitzer , Martin Koltermann, das Slow Food Konzept lebt und seine Mitmenschen von seiner persönlichen Meinung überzeugen will.

Marianne Wager ist die ehemalige Vorstandsvorsitzende des Slow Food Conviviums Augsburg. „Als Convivien bezeichnet man die regionalen Gruppen von Slow Food. Der Name leitet sich ab vom lateinischen Wort convivium, die Tafelrunde."[72] Frau Wager gründete mit ihrem Mann und 41 weiteren Mitgliedern 2002 das Convivium für den Raum Augsburg. Convivien geben den Mitgliedern

---

[69] Vgl. o.A., 2016, Internetquelle.
[70] Vgl. o.A., 2016, Internetquelle.
[71] o.A., 2016, Internetquelle.
[72] O.A., 2016, Internetquelle.

die Möglichkeit an Führungen zu Slow Food Landwirten, an Kochkursen oder an anderen lehrenden Veranstaltungen über gesunde Ernährung teilzunehmen.[73] Des Weiteren gestaltete Marianne Wager die „Regionale Landkarte für den Genuss" und überzeugte mit vielen anderen Projekten. In ihrer zehnjährigen Laufbahn gelang es ihr, 100 weitere Mitglieder für Slow Food e.V. Augsburg zu werben.

Die McDonalds Corporation ist ein US-amerikanischer Betreiber und Franchisegeber von weltweit verteilten Schnellrestaurants und der umsatzstärkste Fast Food-Konzern der Welt. „Als Marktführer der Gastronomie in Deutschland und eine der bekanntesten Marken weltweit ist McDonalds seit dem Jahr 1971 in Deutschland vertreten."[74] Es gibt deutschlandweit 1.477 Filialen. Um herauszufinden, wieso auch marktstarke Fast Food Restaurants dem Bewusstseinswandel bezüglich der Ernährung folgen, wurde McDonalds als Interviewpartner gewählt.

Die Hamburgerei und das Lokal Holy Burger in München sind Schnellrestaurants mit einem überarbeitetem Konzept des herkömmlichen Fast Food Burgerrestaurants. „Die Hamburgerei Burger sind anders, denn die Zutaten sind frisch, ausgewogen und vorzugsweise regional."[75] Über zwei Stockwerke gibt es rund 50 Sitzplätze. Auch Holy Burger, welches in etwa die gleiche Anzahl an Sitzplätzen hat, wirbt mit regionalen Zutaten, reinem Bio-Rindfleisch und frischer Zubereitung.[76] Kleine, individuelle Burger-Restaurants gewinnen in München immer an Popularität. Deshalb wurden zwei dieser neuartigen Fast Food Restaurants befragt.

5.2 Qualitative und quantitative Auswertung der Befragung

Immer mehr Menschen unserer Gesellschaft informieren sich in den letzten Jahren über die Lebensmittelherkunft sowie über die Lebensmittelqualität. Ein Grund für das steigende Interesse dafür, könnte die Häufung von Lebensmittelskandalen in Deutschland sein.[77] Fragen wie „Welche Wege musste welches Produkt zurücklegen? Wie wurden die Tiere gehalten? Wurden

---

[73] Vgl. o.A., 2016, Internetquelle.
[74] O.A., 2016, Internetquelle.
[75] O.A., 2016, Internetquelle.
[76] O.A., 2016, Internetquelle.
[77] Vgl. Lamey, C., 2016, S. 8.

Lebensmittel behandelt?"[78] kommen beim Verbraucher auf. Um diese Fragen zu beantworten, gibt es zum einen Zusammenschlüsse wie den Verein Slow Food e.V., aber auch Fast Food Ketten bemühen sich diese so gut wie möglich durch Kommunikation und Marketing zu erläutern. Der Fast Food Marktführer McDonalds ist in den letzten Jahren, aufgrund des steigenden Interesses der deutschen Kunden, fast vollständig auf Fleisch- und Lebensmittelerzeugnisse aus Deutschland umgestiegen. 62% der Rohwaren und damit der größte Anteil stammten 2014 aus Deutschland, 34% aus der EU und 4% aus Ländern außerhalb Europas. [79] Aber auch kleinere Restaurants achten auf die Transparenz der Lebensmittelherkunft. Dies geschieht einerseits durch die Nennung der Lieferanten auf der Restaurant-Homepage oder über die Speisekarte. [80] Das Personal ist außerdem durch Mitarbeiterausflüge zu den jeweiligen Landwirten in der Lage, den Gästen sehr detaillierte Informationen über Zucht und Haltung der Tiere zu liefern.[81] Durch das steigende Interesse der Produktherkunft vieler Kunden findet ein Bewusstseinswandel statt. Ein Großteil der Gesellschaft legt wieder mehr Wert auf alte Bräuche der deutschen Esskultur, wie zum Beispiel mit der Familie zusammen zu essen, die Qualität des Essens wertzuschätzen oder Tischkultur und -sitten zu wahren. [82] Allerdings akzeptieren viele Endverbraucher den Preis eines guten Qualitätsstandards nicht. Gäste in einem Slow Food Restaurant brauchen teilweise einen Gedankenanstoß, weshalb Gerichte dort teurer verkauft werden als in einem herkömmlichen Restaurant.[83] „Die bei der Herstellung verursachten ökologischen und sozialen Kosten sind den wenigsten von uns bewusst."[84] Händler und Discounter unterbieten sich preislich gegenseitig und deshalb können die eigentlichen Produzenten davon kaum leben. Letztlich schadet dies unserer Umwelt, der Natur und den Menschen. Den wenigsten Gästen ist es bewusst, dass sie für das zahlen, was sie auf ihrem Teller nicht sehen können.[85]

Die Slow Food Organisation und auch viele Slow Food Restaurants versuchen darum, die Konsumenten über gesunder Ernährung, regionalem und nachhaltigem Lebensmittelverbrauch aufzuklären. Das Restaurant Pschorr

---

[78] Wager, M., 2016, S.4.
[79] Vgl. Schoft, A., 2016, S. 6.
[80] Vgl. Grimmer, J., 2016, S. 10.
[81] Vgl. Gerhard, L., 2016, S. 1.
[82] Vgl. Wager, M., 2016, S. 4.
[83] Vgl. Koltermann, M., 2016, S. 3.
[84] Wager, M., 2016, S. 6.
[85] Vgl. Koltermann, M., 2016, S. 3.

schafft dies durch Videos auf Social Media Portalen wie Facebook und Instagram. [86] Dort werden kurze Filme veröffentlicht, anhand deren die Produktionskette von Gerichten aufgezeigt werden. Dadurch wird der Weg, den Lebensmittel zurücklegen müssen, bis es den Endverbraucher erreicht, für den Konsumenten ersichtlich und für sie verständlich dargestellt. Die Slow Food - Bewegung versucht mit Hilfe von Flyern, dem Slow Food Magazin und dem Genussführer, Menschen auf den Verein und seine Grundsätze aufmerksam zu machen. „Allerdings greift Slow Food vor allem die Aufmerksamkeit von Menschen, die schon Interesse an Ernährung und Lebensmittelqualität haben."[87] Durch das Unterrichten an Kindergärten und Schulen, will Slow Food Kinder und Erzieher mit der Slow Food Philosophie konfrontieren. Dadurch soll bereits im frühen Alter ein Bewusstseinswandel erreicht werden. Dies passiert durch spielerische, gemeinsame Aktivitäten wie das Einkaufen bei Landwirten und durch das anschließende, gesunde Kochen. Auch die Herkunft einzelner Produktgruppen kann dabei sehr anschaulich dargestellt werden, sodass das erworbene Wissen im Kopf der Kinder verankert bleibt und dadurch eventuell auch die Eltern erreicht werden können.[88]

Die Globalisierung und der Klimaschutz sind sowohl in unserer Gesellschaft als auch in den Medien groß diskutierte Themen. Nicht nur kleine Betriebe überlegen sich nachhaltige Konzepte, auch Großkonzerne wie McDonalds gehen dem allgemeinen entstehenden Trend nach.

---

[86] Vgl. Gerhard, L., 2016, S. 2.
[87] Wager, M., 2016, S. 4.
[88] Vgl. Wager, M., 2016, S. 5.

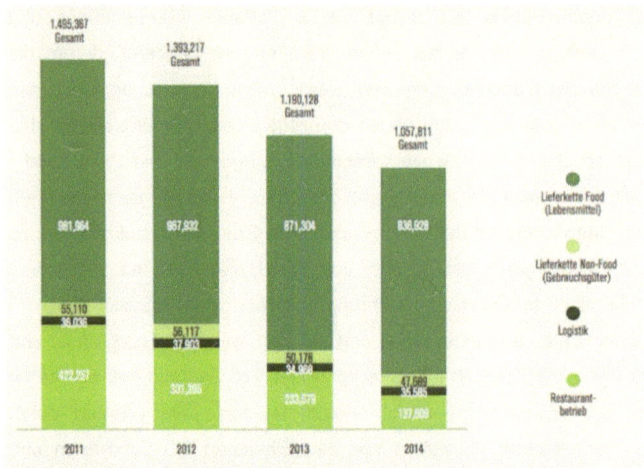

Abb. 4: CO2-Emissionen McDonalds Deutschland (2011 - 2014).

Quelle: Schoft, A., 2016, S. 8.

Zum Beispiel wird darauf geachtet CO2 Ausschüttungen kontinuierlich zu verringern.[89] 2014 wurden die CO2-Emissionen um elf Prozent im Vergleich zum Vorjahr gesenkt. „Die Reduktion resultiert sowohl aus der Umstellung auf 100% Ökostrom als auch aus Optimierungen (z.B. Energiekontrollsysteme, Gebäude- und Küchentechnik) in den Restaurants."[90] Dadurch konnte auch der CO2-Fußabdruck des Restaurantbetriebes von McDonalds Deutschland bezogen auf die gesamten CO2- Emissionen von 20% auf 13% reduziert werden.

Ein weiteres wichtiges Ziel der Fast Food Kette bezüglich des Umweltschutzes ist es „Verpackungen zu reduzieren und damit Abfälle zu vermeiden."[91] Umwelt- und Klimaschutz sieht bei kleinen Betrieben anders aus. Dort wird vor allem im Obst- und Gemüseanbau sowie bei der Züchtung der Tiere auf Nachhaltigkeit geachtet. Besonderen Wert legt man dabei darauf, dass beim Anbau von Pflanzen keine Monokultur sondern eine sogeannte Permakultut entsteht. Permakultur unterstützt nachhaltige Lebensformen und Lebensräume. „Diese sollen für die Natur und die Menschen eine dauerhafte Lebensgrundlage sichern: ökologisch, ökonomisch und sozial."[92]

---

[89] Vgl. Schoft, A., 2016, S. 7.
[90] Schoft, A., 2016, S. 7.
[91] Schoft, A., 2016, S. 7.
[92] Wager, M., 2016, S. 4.

Durch die zunehmende bewusstere Ernährung der Deutschen mussten vor allem Fast Food Ketten in ihrem Umsatz zurückstecken. Der Umsatz von McDonalds Deutschland stieg in den Jahren 2006 bis 2012 stetig bis auf 3,25 Milliarden Euro an, bis 2014 die Umsatzzahlen auf drei Milliarden Euro sanken.[93]

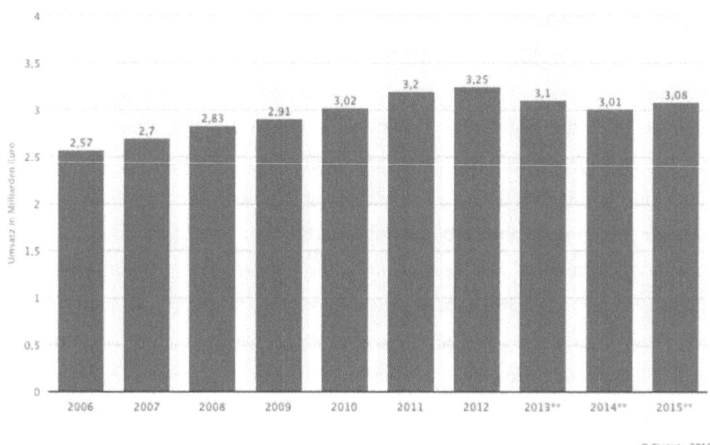

Abb. 5: Umsatzentwicklung von McDonalds Deutschland (2006 - 2015). Quelle: http://de.statista.com/statistik/daten/studie/36365/umfrage/umsatz-von-mc-donalds-deutschland-seit-2006/

Aber nicht nur die Fast Food Branche muss Einbusen hinnehmen, auch in Slow Food Restaurants kam es in den letzten Jahren zu finanziellen Rückläufen. Der Geschäftsführer des Kuckucks meint, dass dies mit dem zunehmenden Zeitmangel der heutigen Gesellschaft in Zusammenhang steht. Herr Koltermann kann in den letzten Jahren einen drastischen Rückgang beobachten und muss sich oft mit einem Umsatz von 1.000 € am Tag zufriedengeben. Noch 2013 lag der Tagesumsatz in seinem Restaurant bei der dreifachen Höhe. [94] Das Restaurant Pschorr hat durch seine gute Lage, direkt am Viktualienmarkt in München ersichtliche Vorteile. Nicht nur Slow Food Fanatiker besuchen die Gaststätte, sondern auch viele Touristen. Somit kann das, allerdings auch fast

---

[93] Vgl. Schoft, A., 2016, S. 8.
[94] Vgl. Koltermann, M., 2016, S. 3.

dreimal so große Slow Food-Restaurant, einen Tagesumsatz von 12.000 € bis 65.000 € aufweisen. Dabei ist jeder Tisch bis zu fünf Mal pro Tag besetzt.[95] Sowohl der Slow Food als auch der Fast Food Markt merken den gesellschaftlichen Umbruch zum Thema Essen und Ernährung. Die Gesellschaft lernte in den letzten Jahren bewusster mit Nahrung umzugehen. Immer mehr Menschen haben sich für gesunde Ernährung interessiert. Trotzdem will man den Luxus des schnellen Essens und die damit verbundene Zeit- und Geldersparnisse nicht missen. Daraus entstand über die letzten Jahre eine Diskrepanz in der Gesellschaft zwischen dem Wissen, welches über Lebensmittel und Züchtung bei Tieren erlernt wurde und dem Wunsch, Zeit und Geld durch schnelles Essen einzusparen. Aus diesem Gedankengang entstanden deutschlandweit viele kleine, individuelle Schnellrestaurants. In München eröffneten innerhalb der letzten drei Jahre 40 gesunde Fast Food Restaurants. Darunter die Restaurants Holy Burger und Hamburgerei. Diese beiden Schnellrestaurants haben 2013 eröffnet und waren in München eine der ersten mit dem neuen Konzept. Von der Hamburgerei gibt es schon zwei Filialen[96] und auch Holy Burger denkt über eine Expansion[97] nach. Beide Restaurants haben einen Tagesumsatz von ca. 5.000 €. Burger kosten dort mehr als wie die herkömmlichen Angebote in normalen Fast Food-Ketten, sind aber trotzdem günstiger als ein Menü in einem Slow Food Restaurant. Die Preise liegen für einen Burger bei sechs bis zwölf Euro.[98] Mit diesem neuen Konzept wird auf die Wünsche der heutigen Gesellschaft eingegangen und dem Esstrend Folge geleistet.

5.3 Fazit der Interviews

Die vorliegende empirische Erhebung zeigt sowohl den Ernährungs- als auch den Bewusstseinswandel der heutigen Gesellschaft auf. Anhand von Interviews der Segmente Fast- und Slow Food konnte erkannt werden, wie die deutsche Gastronomie auf diese Veränderungen der Verbraucher reagiert. Es wurde eine Komponente entdeckt, welche schnelles Essen mit fairen, regionalen und meist gesunden Rohstoffen verbinden lässt. Ein Großteil der Verbraucher nimmt diese Innovation begeisternd an. Dennoch wird es auch in Zukunft sowohl Fast Food

---

95 Vgl. Gerhard, L., 2016, S. 1.
96 Vgl. Grimmer, J., 2016, S. 10.
97 Vgl. Lamey, C., 2016, S. 9.
98 Vgl. Grimmer, J., 2016, S. 10.

als auch Slow Food geben. Fast Food wird aufgrund seines überzeugenden Marketing und auch anlässlich der ökologischen Entwicklung für Konsumenten interessant bleiben. Slow Food wird auch an Bedeutung zunehmen, angesichts dessen, dass der Wunsch nach Genuss für viele Gäste ein wichtiges Motiv ist. Diese Segmente sind nicht nur Oberflächenphänomene, die kurzfristig modern sind. Man kann hier von Trends sprechen, welche die Gesellschaft und ihre Esskultur langfristig prägen. Nahrung wird zunehmend zum Instrument auf der Suche nach der eigenen Persönlichkeit. Verbraucher wollen durch die Nahrungsaufnahme sich selbst verwirklichen und sich selbst darstellen. Gastronomen versuchen auf diese Wünsche zu reagieren. Lebensmittel, aber auch selbst zusammengestellte Ernährungsphilosophien werden immer mehr zur Ausdrucksform des Charakters, der Restaurantbesucher. Die Interviews verdeutlichen obendrein die ständige und zunehmende Zeitknappheit der deutschen Gesellschaft. Als auch die explizite Interesse an nachhaltig gezüchteten und produzierten Lebensmitteln.

6 Fazit

Essen degradierte zunehmend zur Nebensache, Zeitmangel und keine Ruhe waren die häufigsten Gründe dafür, dass zunehmend auf schnelles Essen zurück gegriffen wurde. Trotz der entscheidenden Rolle, die die Ernährung bzw. eine Mahlzeit für den Menschen hat, war Essen nur noch für einen kleine Teil der Konsumenten von Bedeutung. Innerhalb der letzten Jahre war hier ein Umbruch in der deutschen Gesellschaft zu erkennen. Eine große Zahl an Endverbrauchern fing an sich für die Herkunft von Lebensmitteln zu interessieren und zu informieren. Gesellschaftlich und wirtschaftlich wurde Ernährung ein neuer Stellenwert eingeräumt.
Unsere Gesellschaft befindet sich in einem Prozess der grundsätzlichen Transformation der Lebensstile. Menschen stellen sich darauf ein, dass zukünftig mit vielen Ressourcen innovativ umgegangen werden muss. Dieses neue Denken lässt Verbraucher reflektieren und zukünftiges Handeln überdenken. Die deutsche Gastronomie greift diese Gedankengänge der Konsumenten auf und wandelt diese in die erwünschten Bedürfnisse um. Nicht nur gesund und schnell liegt im Trend, auch Paleo (Steinzeitdiät, orientiert sich an der Ernährung der Jäger und Sammler), Ayurveda (aus Indien stammende klassische Ernährungslehre) oder Vegan (Verzicht auf Produkte von Tieren) werden von der Gesellschaft ausprobiert. Da auch zukünftig die Zeit eine wesentliche Rolle

spielen wird, versuchen die Gastronomen zunehmend neue und ausgeklügelte Konzepte zu entwickeln. Forscher gehen davon aus, dass es in naher Zukunft zum Beispiel Joghurt geben wird, der den Körper für mehrere Stunden leistungsfähiger machen kann. Des Weiteren Getränke, die den Konsumenten kreativer machen sollen. In Zukunft können außerdem Smartphones, Tablet und andere elektronische Geräte Auskunft darüber geben, was der Nutzer essen sollte. Sie messen, was dem Körper fehlt, und geben Tipps, mit welchen Lebensmitteln das Defizit ausgeglichen werden kann. Immer mehr Menschen bauen in Zukunft wieder selber an. Auch in den Städten wird sich dies als eine neue Entwicklung auftun. Weiterhin werden sich Esstrends, mit dem Grundgedanken schnell und gesund, immer weiter und in absurde Richtungen entwickeln. Für schnelles aber gesundes Essen für Zuhause haben Forscher einen 3D-Drucker entwickelt. Dieser „druckt" Brei zu der jeweils gewünschten Konsistenz und Form. Dies hat den Vorteil, dass keine unerwünschten Zutaten verarbeitet und konsumiert werden. Der Essensmarkt wird sich zunehmend verändern. Gastronomen werden auch in Zukunft die Wünsche und Bedürfnisse der Verbraucher analysieren und darauf reagieren. Was man isst, sagt künftig genauso viel über den Konsumenten aus wie das, was man nicht -mehr- isst.

Literatur- und Quellenverzeichnis

Block, Wolf-Dieter; Letzner, Claudia; Panzenböck, Gerhard (2011): Systemgastronomie: Systemorganisation, Personalwesen, Steuerung und Kontrolle betrieblicher Leistungserstellung, 1. Auflage, Frankfurt am Main: Trauner Verlag.

Diehl, Saskia (2009): Determinanten erfolgreicher Markenbeziehungen (Marken- und Produktmanagement), 1. Auflage, Wiesbaden: GWV Fachverlag GmbH.

Fries, Antje (2012): Die Herkunft von Brot, Milch, Obst & Co. entdecken, 1. Auflage, Dresden: Verlag an der Ruhr.

Gerhard, Lea (2016): Interview mit Mitarbeiterin Lea Gerhard des Restaurants Pschorr in München am 30.05.2016.

Grimmer, Joern (2016): Interview mit Geschäftsführer Joern Grimmer des Fast Food Restaurants Hamburgerei in München am 25.05.2016.

Hauff, Michael; Lingnau, Volker; Zink, Klaus J. (2008): Nachhaltiges Wirtschaften: Integrierte Konzepte, 1. Auflage, Frankfurt am Main: Nomos.

Hein, Andreas J. H. (2012): Willst du die totale Pleite?: Die 10 Wege zur erfolgreichenGastronomie, 2. Auflage, München: Heinrich Hein.

Heindl, Ines (2016): Essen ist Kommunikation: Esskultur und Ernährung für eine Welt mit Zukunft, 1. Auflage, Wiesbaden: Umschau Zeitschriftenverlag.

Hirschfelder, Gunther (2005): Europäische Esskultur: Eine Geschichte der Ernährung von der Steinzeit bis heute, 1. Auflage, Frankfurt/Main: Campus Verlag GmbH.

Kersting, Marianne; Alexy, Ute (2009): Kinderernährung aktuell: Schwerpunkte für Gesundheitsförderung und Prävention, 1. Auflage, Wiesbaden: Umschau Zeitschriftenverlag.

Klotter, Christoph (2007): Einführung Ernährungspsychologie, 1. Auflage, München: UTB.

Koltermann, Martin (2016): Interview mit Geschäftsführer Martin Koltermann des Restaurants „Kuckuck" in Augsburg am 25.05.2016.

Lamey, Camillo (2016): Interview mit Mitarbeiter Camillo Lamey des Fast Food Restaurants Holy Burger in München am 02.06.2017.

Long, Aljoscha; Schweppe, Ronald (2010): Die 7 Geheimnisse der Schildkröte. Den Alltag entschleunigen, das Leben entdecken, 6. Auflage, München: Integral Verlag.

Petrini, Carlo (2003): Slow Food: Gniessen mit Verstand, 1. Auflage, Wiesbaden: Rotpunktverlag.

Pudel, Volker; Westenhöfer, Joachim (2003): Ernährungspsychologie: Eine Einführung, 3. Auflage, Berlin: Hogrefe Verlag.

Rosa, Hartmut (2005): Beschleunigung. Die Veränderung der Zeitstrukturen in der Moderene, 1. Auflage, Frankfurt am Main: Suhrkamp Verlag.

Rützler, Hanni; Reiter, Wolfgang (2010): Food Change: 7 Leitideen für eine neue Esskultur, 1. Auflage, Wien: Hubert Krenn Verlag.

Schoft, Andreas (2016): Interview mit McDonalds Filialleiter Königsbrunn Andreas Schoft am 03.06.2016.

Wager, Marianne (2016): Interview mit ehemaliger Slow Food Vorstandsvorsitzende in Augsburg Marianne Wager am 01.05.16.

Zeller, Markus (2009): Die Relevanz der Gastronomie als Instrument der Markenkommunikation (Innovatives Markenmanagement), 1. Auflage, Wiesbaden: GWV Fachverlag GmbH.

Internetquellen

Dr. Hudson, Ursula (2012): Slow Food Deutschland: Für gute, saubere und faire Lebensmittel. Internetquelle heruntergeladen von https://www.slowfood.de/w/files/publikationen/slowfood_broschuere_web.pdf am 27.04.2016.
Götzinger, Marianne (2016): Buono, pulito e giusto - gut, sauber und fair: Slow Food. Internetquelle heruntergeladen von http://blog.stroeck.at/buono-pulito-e-giusto-gut-sauber-und-fair-slow-food/ am 28.04.2016.

O.A. (2010): Fast Food, schnelles Essen auf die Schnelle. Internetquelle heruntergeladen von https://www.pro-well.de/infothek/lebensmittel/fast-food-schnelles-essen-auf-die-schnelle/.

O.A. (2010): Lexikon der Psychologie: Mere-exposure-Effekt. Internetquelle heruntergeladen von http://www.spektrum.de/lexikon/psychologie/mere-exposure-effekt/9583 am 26.04.2016.

O.A. (2013): In Deutschland essen die Menschen lieber „lecker als gesund". Internetquelle heruntergeladen von http://www.heilpraxisnet.de/naturheilpraxis/ernaehrungsstudie-viele-deutsche-essen-ungesund-9016832.php am 27.04.2016.

O.A. (2013): Lokale Qualitäten, Kriterien und Erfolgsfaktoren nachhaltiger Entwicklung kleiner Städte - Cittaslow. Internetquelle heruntergeladen von http://www.bbsr.bund.de/BBSR/DE/FP/ReFo/Staedtebau/2012/CittaSlow/Downlo ad/Veroeffentlichung_Cittaslow.pdf?__blob=publicationFile&v=2 am 28.04.2016.

O.A. (2014): Fast Food ohne Fleisch: McDonald´s brät jetzt vegane Burger. Internetquelle heruntergeladen von http://www.stern.de/wirtschaft/news/fast-food-ohne-fleisch-mcdonald-s-braet-jetzt-vegane-burger-3826630.html am 27.04.2016.

O.A. (2015): Lexikon der Nachhaltigkeit: Nachhaltigkeit Definition. Internetquelle heruntergeladen von https://www.nachhaltigkeit.info/artikel/definitionen_1382.htm am 30.04.2016.

O.A. (2015): Nachhaltige Modedesigner. Internetquelle heruntergeladen von https://www.nachhaltigkeit.info/artikel/nachhaltige_designer_1773.htm   am 30.04.2016.

O.A. (2016): Der Pschorr: Tradition und Entdeckergeist - Ein erstaunliches kulinarisches Konzept. Internetquelle heruntergeladen von http://www.der-pschorr.de/unsere-kueche.html am 10.05.2016.
O.A. (2016): Die Geschichte des Fast Food. Internetquelle heruntergeladen von http://www.paradisi.de/Health_und_Ernaehrung/Kochen_und_Backen/Fast_Food /Artikel/11269.php am 25.04.2016. am 01.062016.

O.A. (2016): Franchisegeber und -nehmer: Definition. Internetquelle heruntergeladen von http://www.franchiseportal.de/franchise-lexikon/Franchise-Definition.htm am 26.04.2016.

O.A. (2016): Gesundheitslexikon, Fast Food. Internetquelle heruntergeladen vonhttp://www.eden.de/eden/service/Lexikon/F/fast-food am 25.04.2016.

O.A. (2016): Hamburgerei: Über uns. Internetquelle heruntergeladen von http://www.hamburgerei.de/ueber-uns/ am 20.05.2016.

O.A. (2016): Holy Burger: Nachhaltigkeit. Internetquelle heruntergeladen von http://holyburgergrill.de/holy-style/ am 30.04.2016.

O.A. (2016): Kuckuck Osteria: Frisch und selbst gemacht.... Internetquelle heruntergeladen von http://www.osteria-kuckuck.de am 05.05.2016.

O.A. (2016): Kurze Einführung in die Geschichte und Tätigkeit der internationalen Slow Food-Bewegung: Die Slow Food-Philosophie von 1986 bis heute. Internetquelle   heruntergeladen   von http://www.pfaffenkeller.de/media/files/Lexikon/Slowfood.pdf?PHPSESSID=db66 555af46096c1040095452c9ab052 am 28.04.2016.

O.A. (2016): McDonalds: Weltbürger mit Verantwortung. Internetquelle heruntergeladen von https://www.mcdonalds.de/uber-uns/das-unternehmen am 10.05.2016.

O.A. (2016): Slow Food Deutschland. Internetquelle heruntergeladen von https://www.slowfood.de/wirueberuns/slow_food_deutschland/ am 27.04.2016.

O.A. (2016): Slow Food: 10 Jahre Convivium Augsburg. Internetquelle heruntergeladen von https://www.slowfood.de/slow_food_vor_ort/augsburg/berichte/10_jahre_conviviu m_augsburg/ am 10.05.2016.

O.A. (2016): Systemgastronomie: Definition. Internetquelle heruntergeladen von bundesverband-systemgastronomie.de am 25.04.2016.
Roth, Rafaela (2016): Fast Food-Restaurants entdecken Nachhaltigkeit. Internetquelle heruntergeladen von http://www.nachhaltigleben.ch/themen/bio-lebensmittel/nachhaltige-fast-foodrestaurants-423/2 am 30.04.2016.